Auch der sinnloseste und
unglückseligste Tag scheint
am Ende gut verbracht,
wenn man durch den
blauen, wohlriechenden
Rauch einer Havanna auf
ihn zurückschaut.

Evelyn Waugh
(1903–1966)

ROMEO Y JULIETA
Desde 1875
HABANA · CUBA

Rund um die Zigarre

berichtet
Carlos Steiner

Foto Seite 2: Churchill-Zigarre

Trotz gewissenhafter Bearbeitung kann eine Haftung für den Inhalt nicht übernommen werden. Für aktuelle Ergänzungen und Anregungen ist der Verlag jederzeit dankbar.
Wir bedanken uns bei allen, die uns unterstützt haben.

Impressum

Gerichtsweg 28, 04103 Leipzig
Tel.: 0341/493574-0, Fax: 0341/493574-40
www.buchverlag-fuer-die-frau.de

Bildnachweis: Seite 128
Gestaltung und Satz: Alexander Burgold,
WERK & SATZ, Berlin
Druck: Druckhaus Gera
Bindearbeiten: Müller Buchbinderei GmbH, Leipzig
Printed in Germany

1. Auflage 2022
ISBN 978-3-89798-641-1

INHALT

MIT DEN GÖTTERN IN KONTAKT TRETEN!

Das Online-Lexikon Wikipedia definiert: „Eine Zigarre ist ein aus Tabakblättern gerolltes Genussmittel." Zur Zigarette steht dort: „Eine Zigarette ist ein rauchbares Tabakerzeugnis." Ein rauchbares Tabakerzeugnis gegenüber einem Genussmittel. So ist es.

Zigarrenraucher sind eigentlich keine Raucher. Nicht so wie die bemitleidenswerten Gestalten, die sich im Winter unter Heizpilzen mit ihren Glimmstängeln zusammendrängen, um ihre Sucht zu befriedigen. Sie sind Liebhaber des Genusses, oder besser: *Aficionados*. Denn die Zigarre stammt aus Lateinamerika und war ursprünglich Teil eines spirituellen Rituals.

Doch der Ursprung der Zigarre liegt noch länger zurück als der Einzug der spanischen Sprache in Lateinamerika. Schon vor Tausenden von Jahren rauchte man dort Tabak. Aber warum? Um mit den Göttern in Kontakt zu treten! Anfangs war der Genuss der Zigarren den Hohepriestern vorbehalten. Später durften auch die Häuptlinge den Genuss der Zigarren erfahren. Ein exklusiver Kreis also.

Symbolhafte „Willkommensfigur" vor einem britischen Zigarrenshop zwischen 1750 und 1900

Gemeinsam genießen

Heute ist es glücklicherweise allen gleichermaßen gestattet, zu Aficionados zu werden. Und wer seine Zigarre genießt, sei es allein oder in Gesellschaft, der kann noch immer den Zauber wie damals bei den heiligen Ritualen der Inkas spüren. Auch heute gleiten wir in andere Sphären, wenn wir in den Rauschwaden versunken sind.

Für den Genuss einer Zigarre benötigt man Muße. Was für ein kostbares Gut in dieser hektischen Zeit! Die Aromen bringen uns dem Himmel ein Stück näher, ungestört vom Plingen des Handys, vom Tuten, Klingeln, Brummen, Hupen – von all der Hektik unseres Alltags. Wir sind ungestört und entspannt. Eine Zigarre trotzt dem Zeitgeist. Sie ist etwas für Individualisten, die das Leben schätzen. In diesem Sinne: Entdecken wir gemeinsam den Genuss!

Die Götter haben die Zigarre erfunden, um sich den Genuss am Geschmack des Tabaks zu schenken.
(Maya-Sprichwort)

AUS SÜDAMERIKA IN DIE WELT

Die Geschichte der Zigarre erzählt uns von Besinnung, Genuss und Muße. Begeben wir uns gedanklich nach Südamerika. Hier fing alles an, schon vor Jahrtausenden. Der Tabakgenuss gehörte für die Priester zu einer sakralen Kultur. Sie etablierten die Zigarre als zivilisatorische Errungenschaft. Der zusammengerollte Tabak, unseren heutigen Zigarren ähnlich, war zu zelebrieren. In Ruhe und in Konzentration auf die Götter

Nachbau der legendären „Santa Maria" von Columbus als Marine-Museum in Santa Cruz de La Palma

etablierte sich eine Kultur des Rauchens, die mit dem hektischen Wegziehen einer Zigarette von heute nichts gemein hat.

Mit der Zigarre versenkten sich die Geistlichen in sakrale Rituale. So fanden sie den Zugang zu den wichtigen Dingen im Leben, genauso wie uns das heute auch möglich ist. Die Stammeshäuptlinge mag die Zigarre ebenfalls bei besonders wichtigen Entscheidungen unterstützt haben. Ein so wertvolles Kulturgut verbreitet sich auf Dauer, wenn andere Zivilisationen Geschmack daran finden. So geschah es bei der Zigarre mit Christoph Columbus. Die mit ihm einsetzende Kolonialzeit hat viele unrühmliche Kapitel, aber sie führte die Zigarre auch über den Atlantik und schenkte den Europäern diese erlesene Tabakware. Columbus soll auf Kuba beim Wechsel vom 15. zum 16. Jahrhundert mit Tabak in Kontakt getreten sein. Kuba! Von dieser Zauberinsel wird später noch die Rede sein. Kuba war auch der Geburtsort für die Tabakplantagen in Nordamerika. Das war im 18. Jahrhundert, als die Briten kubanische Zigarren in ihre dortigen Kolonien brachten. Auf den Plantagen begann auch die nordamerikanische Produktion von Zigarren.

Und bei uns in Europa? Hier verbreitete sich der Genuss von Zigarren stark im 19. Jahrhundert – mit einer eigenen europäischen Zigarren-Industrie. In der Schweiz wurde ein

Die Zigarrenmacher, Gemälde von Johannes Marx, 1889

Dorf zum Zentrum der Herstellung, die Aargauer Gemeinde Menziken. Noch heute steht dort ein sehenswertes Tabak-Museum. Ein Deutschland gab es damals noch nicht. In unserer Region spielte sich die Fabrikation vor allem in Baden und Preußen ab. Und die Gründung von Zigarren-Fabriken hatte auch gesellschaftliche Folgen: Die Beschäftigten in diesen Werken konnten nämlich leichter miteinander kommunizieren als die Arbeiter, die in anderen Bereichen bei großem Lärm schufteten. Daher gehörten die Arbeiter der Tabak-Manufakturen zu den ersten Gruppen, die sich der Arbeiterbewegung anschlossen. Zur Revolution im März 1848 gründeten Tabakarbeiter aus Berlin die „Association der Cigarrenarbeiter Deutschlands", eine veritable Gewerkschaft. Sie verbreitete sich schnell in vierzig andere deutsche Städte.

Hieraus entstand die erste zentral organisierte Gewerkschaft Deutschlands überhaupt: der Allgemeine

Kubanische Tabakplantage

Deutsche Cigarrenarbeiter-Verein, gegründet 1865 in Leipzig. Innerhalb von drei Jahren wuchs die Zigarren-Gewerkschaft auf stolze zehntausend Mitglieder an. Ihr Präsident war Friedrich Wilhelm Fritzsche, der bedeutende Sozialdemokrat und spätere Vorsitzende der Sozialistischen Arbeiterpartei Nordamerikas. Der Cigarrenarbeiter-Verein diente vielen anderen Gewerkschaften als Vorbild und ist noch eine Vorläufer-Organisation der heutigen Gewerkschaft Nahrung-Genuss-Gaststätten.

Bis zum 20. Jahrhundert blieb die Zigarre allgemein beliebt als Genussmittel. Dann drängte Tabak in Form von Ex-und-Hopp in den Vordergrund: Die Zigarette verdrängte das genüssliche Schmauchen mehr und mehr. Doch hunderte Jahre später sehnten sich die Menschen wieder nach dem langsamen und bewussten Genuss. Ungefähr seit dem Ende des Kalten Kriegs erleben wir zum Glück, wie das Erlebnis Zigarre neu erblüht. Von dieser Renaissance zeugen etliche Fachgeschäfte und Online-Handelsseiten für hochwertige Zigarren, zum Beispiel aus Kuba, wo Columbus als erster Europäer mit diesem Kulturgut in Berührung kam. Heute feiert man „Habanos" gemeinsam an vielen Orten wie Clubs, Bars oder feinen Restaurants. Auch die Deutschen rauchen wieder öfter Zigarre oder Zigarillo, rund drei Milliarden Stück pro Jahr.

VON DER PLANTAGE ZUR FERTIGEN ZIGARRE

Tabak ist nicht gleich Tabak. Für den Aficionado wichtig sind **zwei Anbauarten**: der „tabaco tapado" (bedeckter Tabak) und der „tabaco del sol" (Tabak der Sonne). Der Anbau richtet sich danach, wofür der Tabak später verwendet werden soll.

Für die **Einlage und Umblätter** nutzt man **Tabaco del sol**. Der Tabak für Einlage (tripa) und Umblatt (capote) wächst direkt unter der sengenden Sonne der Tropen. Bei diesem

Tabakpflanze

Anbau entfernt man die Tabakblüten frühzeitig, so dass sich aromatische, kräftige Blätter entwickeln. Der „tabaco del sol" unterscheidet sich noch weiter in drei Blattsorten. Mit ihnen stimmt man Aroma und Würze der Zigarre später harmonisch ab.

Eine Tabakpflanze erntet man von unten nach oben, also vom milden „volado" zum würzigen „ligero". Hierbei geht es um die Position der Blätter an der Tabakpflanze und ihre Eigenschaften. Unten am Stängel sind die Blätter, welche die wenigste Sonne bekommen: die „volado". Sie sind am mildesten. Die Blätter der Mitte haben ein mittelstarkes Aroma und heißen „seco". Am meisten

Sonne bekommen die Blätter oben am Stängel. Dadurch werden sie am kräftigsten. Auf Spanisch nennt man sie „ligero".

Eine Kunst besteht darin, diese drei Blattsorten zu mischen. Dieser Blend führt zum besonderen Geschmack einer Zigarre. Diese Kombination für Einlage und Umblatt ist die „ligada" (Zusammenstellung der Tabakmischung). Comprende, aficionado?

Für das **Deckblatt** nimmt man **Tabaco tapado** (tapado = bedeckt). Dieses Deckblatt heißt auf Spanisch „capa". Vielleicht kennen Sie den Begriff aus dem Stierkampf, wo die Capa ein Tuch ist, eigentlich ein Umhang, um den Stier zu reizen. Bei der Zigarre

LEAF
by Oscar

könnte man „capa" mit „Überzug" übersetzen.

Für dieses Deckblatt braucht man sehr hochwertige Blätter, denn sie entscheiden über die Herkunft einer Zigarre. Wenn das Deckblatt etwa aus Brasilien stammt, dann ist die ganze Zigarre damit eine „Brasil", auch wenn die anderen Bestandteile nicht von dort stammen.

„Tapaco tapado" für das Deckblatt baut man unter Stoffbahnen an. Sie schützen die Pflanze vor der tropischen Sonne. Hier lässt man auch die Blüte stehen. Dadurch entstehen geschmeidige Blätter, die gleichmäßig und dünn sind. Im Deckblatt tragen sie ein Gutteil zur gesamten

geschmacklichen Entwicklung der Zigarre bei. Das geschieht alles von Hand und in drei Schritten. Auch hier ist es wichtig, wo die Blätter gewachsen sind. Denn die unteren Blätter sind größer als die oberen, so dass man sie auch für längere Zigarrenformate verwendet.
Merken Sie, was für eine Wissenschaft und gleichzeitig Kunst dahintersteckt, um den Genuss einer Zigarre zu entwickeln? Man gerät immer wieder ins Staunen, wenn man bedenkt, wie viel Wissen, Erfahrung, Tradition und Kultur eine Zigarre umfasst.

Die **Trocknung der Blätter** ist der nächste Herstellschritt. Auch das ist wieder eine Kunst für sich, bei der es verschiedene Stile gibt. Denn es geht um den **Reifeprozess** der geernteten Blätter, der Zeit braucht und aufwändig ist. Die Ernte gelangt dazu meist in die „casa de tabacos" (Scheunen). Der Prozess der Trocknung dort dauert rund fünfzig Tage. Die Blätter hängen an langen Holzstangen, den „cujes". Zuerst hängen sie nahe über dem Boden und wandern dann immer weiter nach oben. Dadurch erreicht man für sie eine gleichmäßige Temperatur und Feuchtigkeit. Schließlich bekommen die Blätter eine goldbraune Färbung.

Doch es gibt nicht nur eine Art der Trocknung, sondern je zwei natürliche und zwei künstliche: **Luft- und**

Sonnentrocknung einerseits sowie Röhren- und Feuertrocknung andererseits.

Bei der Lufttrocknung zieht Frischluft durch die Hütten, ohne den Einsatz zusätzlicher Wärme. Bei der Sonnentrocknung gelangen die Blätter nicht in die Trocknungsscheunen, sondern trocknen im Freien. Beschleunigt, aber unelegant läuft es ab, wenn Heißluft aus Röhren den Tabak trocknet. Einen besonderen Geschmack erhalten die Blätter schließlich, wenn man sie in der offenen Hütte über dem Rauch eines Holzfeuers trocknet.

Gemeinsam ist jeder Trocknung, dass die geernteten Blätter dabei reifen.

Trocknungsscheune

Man entzieht ihnen Wasser, ohne dass sie verfaulen. Das ist komplizierter, als man vielleicht denkt. Oft lagert man das kostbare Gut abwechselnd in Sonne und Schatten – oder nur im Schatten. Es kommt auf die Gegebenheiten an. Ideal ist ein subtropisches Klima.

Nun folgt die **Fermentation** der trockenen Blätter und zwar in streng kontrollierter Form. Denn sonst verrotten sie, zerfallen oder entzünden sich sogar bei der Fermentation und ihrer Wärmeentwicklung. Um das zu verhindern, muss man die Stapel mehrmals umschichten. Das Ergebnis einer wohlkontrollierten Vergärung ist die Entlohnung der Mühe, weil erst bei der Fermentation die besonderen Aromen des Tabaks entstehen. Der Prozess dauert rund ein halbes Jahr. Genauso wie der Genuss einer Zigarre erfordert die Herstellung Zeit.

Wir schreiten zum Sortieren der gereiften und fermentierten Blätter. Ein guter Hersteller achtet dabei auf erfahrene Angestellte, die nach Aussehen der Blätter, ihrer Beschaffenheit und dem Bouquet vorgehen. Sie sortieren Blätter aus, die nicht die Qualität für Zigarren haben. Solche landen dann in Zigarillos oder Zigaretten.
Haben Sie auch das (rassistische und misogyne) Gerücht gehört, Zigarren würden auf den Schenkeln schö-

ner Mulatinnen gerollt? Vielleicht stammt das vom nächsten Arbeitsgang: dem **Entfernen der Mittelrippe** aus den Blättern. Das tun meist Frauen, die „despalilladoras", oft auf den Schenkeln. Traditionell rollen allerdings hauptsächlich Männer die Zigarren, allerdings nicht auf den Schenkeln, sondern auf Tischen. Zuvor werden die Blätter für die Einlage aber ein zweites Mal fermentiert, wenn die Mittelrippe entfernt ist.

Zigarrenrollen heißt die nächste Aufgabe. Eine hochwertige Zigarre soll entstehen. Für eine erstklassige Qualität geschieht das immer noch von Hand. Hier kommt der „torcedor" ins Spiel, der **Zigarrenroller**. Ein erfahrener „torcedor" schafft täglich durchschnittlich etwa hundert Zigarren, was je nach Sorte nach oben oder unten variiert.

Wie geht er dabei vor? Zuerst legt er die Umblätter auf den Tisch. Das können je nach Zigarrenformat ein bis drei Stück sein. Jetzt mischt er die drei Blattsorten zur gewünschten Zigarrenmarke. Wir erinnern uns: „ligero" für kräftig, „seco" für mittelstark und „volado" für mild. Daraus ergibt sich der besondere Blend. Der „torcedor" faltet nun die Einlage, was durchaus Können erfordert, damit der Rauch der fertigen Zigarre gut durch die kleinen Kanäle strömt. Dann rollt er die Einlage in das Umblatt. Dieser Rohling oder Wickel (auch „Puppe") erhält noch seine endgültige Form in einer Holzpresse. Wie wir wissen, entscheidet das Deckblatt über die Herkunft, und auch dieses erfordert besonderes Geschick. Der Zigarrenroller sucht ein Blatt aus und schneidet es mit einem Wiegemesser („chaveta") sichelförmig zurecht. Das Deckblatt rollt er fest um den Rohling aus der Presse. Normalerweise benutzt er dazu einen Kleber aus Bocksdorn (Tragant), um das Deckblatt am Zigarrenkopf zu befestigen. Der „torcedor" rollt den Kopf, bis er geschlossen und rund ist. (Für die Profis: Es gibt auch die Methode, ein Stück Tabak aus dem Rest des Deckblatts zu stanzen und damit

Perfekte Handarbeit – ZigarrenrollerIn

das Mundstück zu verschließen. Dazu nimmt man ein spezielles Messer mit einer runden, geschlossenen Klinge.) Für das ganze Rollen benötigt ein guter Torcedor nur einige Minuten.

Nach dieser Herstellung erfolgt eine strenge **Qualitätskontrolle**, und zwar für jede einzelne Zigarre! Stimmen Länge, Durchmesser und Form des Kopfes mit der Norm überein? Verläuft das Deckblatt gleichmäßig? Sieht die Zigarre ansprechend aus? Am wichtigsten jedoch: Wie steht es um den Geschmack, die Aromen? Um das festzustellen, zieht man Stichproben. Für einen Teil davon gibt es Verkoster, die die Produkte rauchen und beurteilen. Einen anderen Teil schneiden Kontrolleure auf und prüfen die Zusammensetzung und Verarbeitung des Blends. Es ist ein wenig wie in der Schule – besteht die Zigarre die Prüfung, dann darf sie weitergehen. Sie wird quasi versetzt, und zwar zur Lagerung. Die kann Monate dauern oder sogar Jahre.

Ist es nicht herrlich, die liebevolle Produktion auch durch die spanischen Fachbegriffe zu erleben? Hier kommt ein weiterer: die „escogedores". Das sind die Sortierer. Diese Adleraugen können sechzig oder noch mehr Farbnuancen differenzieren. Sie stellen nach der Lagerung die Zigarren gleicher Farbe zusammen. Daraus entstehen Bündel, aus denen

man weiter sortiert. Ein anderer „escogedor" wählt die Zigarren aus und legt die Reihenfolge in der Kiste fest. Dabei liegt links die dunkelste; nach rechts werden die Zigarren immer heller.
Auch die Sortierer kontrollieren wieder die Qualität. Entsprechen die Farben den Anforderungen? Wenn nicht, sortiert man sie aus. Die Zigarren gelangen dann als Fehlfarben günstiger auf den Markt, oft den heimischen.

Achten Sie beim Kauf auch auf die **Bauchbinde**, die vor dem Verpacken drankommt! Zigarrenmarken behalten meist über Jahrzehnte die gleichen Bauchbinden, deren

Zigarren-Bündel

Diverse Bauchbinden

HOYO
DE
MONTERREY
HABANA

Produktion streng überwacht ist. Schon kleine Abweichungen vom Original können eine Fälschung bedeuten. Zu sehen ist meist der Name der Produktionsfirma und das Herkunftsland, eventuell auch Bilder von Prämierungen für die Qualität oder Medaillen. Eine Bauchbinde ist aber nicht zwingend.

Kurzes Einfrieren gilt für Premium-Zigarren aus Kuba, bevor sie in den Handel gelangen. Das schützt sie vor Tabakkäfern, beziehungsweise deren Eiern und Larven. Danach taut man die Zigarren langsam und sorgfältig wieder auf. Dabei erhöht man die Temperatur allmählich und dosiert, denn die dünne Capa ist empfindlich und darf nicht beschädigt werden.

Blicken wir noch einmal auf das fertige Produkt: Es besteht aus der Einlage aus getrocknetem und vergorenem Tabak, geschnitten oder aus ganzen Blättern, umschlossen von einem Umblatt, das zusammen mit der Einlage den Wickel ausmacht, umwickelt vom Deckblatt, das aus exakt geschnittenem Tabakblatt besteht. Die Zigarre hat zwei Enden. Am Fuß entzündet man, den Kopf hält man im Mund. Eine Bauchbinde (Zigarrenring) ist häufig, aber kein Muss.

ZIGARRENTYPEN – FORMEN UND FORMATE

In Anlehnung an Goethe gilt auch für Zigarren: Man schmeckt nur, was man schon weiß und versteht. Um die Zigarre richtig zu würdigen, muss man sie kennen.

Was sind eigentlich Long- oder Shortfiller? Im Überblick: Es geht um die Füllung der Zigarren oder die Einlage. Sie kann einen gehörigen Preisunterschied ausmachen. Warum? Die Einlage besteht entweder aus einem Verschnitt an Resten **(Shortfiller)** oder aus Blatthälften, die auf Länge gebracht sind **(Longfiller)**.

Dazwischen gibt es noch die Mischform. Man nennt sie **Mediumfiller** oder „Cuban Sandwich". Und was bedeutet das? Der Unterschied besagt nicht viel über die Qualität des Tabaks, doch je nach Größe des Tabaks ändert sich das Rauchverhalten: Kürzere Blattstücke brennen schneller und heißer ab. Zigarren von guter Qualität enthalten daher längere Stücke. Falls Sie Einsteiger in die Welt der Zigarren sind, können Mediumfiller eine preiswerte Möglichkeit im Sinne des Wortes sein.

Gehen wir noch ein wenig in die Tiefe: **Shortfiller** bekommen eine Art „Reste-Verschnitt" als Einlage. Neutraler formuliert geht es um geschnittenen oder gerissenen Tabak,

Shortfiller

auch Scrap Filler genannt. In der Umlage entsteht die „Puppe". Das kann durch Maschinen geschehen, ebenso wie das Rollen ins Deckblatt. Um- und Deckblatt fertigt man dabei aus homogenisiertem Tabak. Das ist kein echter Tabak, sondern Papier, das aus Tabak produziert ist. Klingt nicht gerade hochwertig, oder? In der Mehrheit entstehen so in der Tat die typisch europäischen Zigarren, die wenig kosten. Bei allem Respekt für die Niederlande: Diesen Typ Shortfiller nennt man „Holländischer Typ". Man raucht und lagert sie trocken.

Zur Ehrenrettung der Shortfiller: Es gibt davon auch karibische Varianten. Man lagert sie bei konstanter Luftfeuchtigkeit, im Humidor, zu dem wir gleich mehr erklären. Diese karibischen Shortfiller fertigt man auch per Hand (totalmente a mano).

Longfiller sprechen eher für exquisiten Genuss. Anders als bei den Tabakschnipseln zuvor kommen hier die ganzen Blätter zum Einsatz, die Strips. Hier lassen sich kaum Maschinen einsetzen. Mitunter ist auch der Tabak höherwertiger als bei Shortfillern.

Blicken wir auf das liebe Geld. Eine günstige Zigarre bekommen Sie in Deutschland für unter einen Euro. Das wird vermutlich eher eine Shortfiller sein. Gute Zigarren beginnen bei rund drei Euro das Stück. Wenn Sie tiefer in die Tasche greifen wollen, geht die Bandbreite locker rauf

Longfiller

bis 50 Euro pro Zigarre und mehr. Solche Schätze müssen Sie entsprechend lagern. Dazu nutzt man einen im nächsten Kapitel beschriebenen *Humidor.*

Zigarren sind so köstlich wie das Leben. Das Leben bewahrt man sich nicht auf. Man genießt es in vollen Zügen.
Artur Rubinstein (1887–1982)

ZIGARREN RICHTIG LAGERN

„Humidus" sagt der Lateiner für „feucht". Beim Lagern von guten Zigarren geht es um die richtige Luftfeuchtigkeit. Ein Humidor ist ein Behälter, der mit einem Befeuchtungssystem ausgestattet ist, das die relative Luftfeuchtigkeit zwischen 68 und 75 Prozent hält, für Longfiller bei einer Temperatur von 18 bis 20 °C.

Ein Humidor ist oft aus Holz. Er kann eine kleine Kiste sein, ein Schrank oder ein begehbarer Klimaraum. Die richtige Luftfeuchtigkeit ist das A und O. Ist sie zu hoch, kann sich Schimmel bilden, ist sie zu niedrig,

Humidor mit im Deckel eingebautem Hygrometer

trocknen die Zigarren aus. Dadurch werden sie brüchig, brennen zu schnell, werden zu heiß und erhalten einen aggressiven, beißenden und bitteren Geschmack.
Die Zigarre mag es tropisch. Dann behält sie ihr volles Aroma und kann jahrelang lagern. Sie reift dann sogar, was man „Aging" nennt. So erhält sie ein milderes, ausgewogeneres Aroma. Eine gute Zigarre richtig zu lagern ist eine Kunst. Aber keine Angst – es macht auch Spaß, weil so viel Liebe drinsteckt. Die Kiste soll nicht luftdicht abschließen, und für die innere Auskleidung nimmt man gern das Holz der Spanischen Zeder. Damit kann man gut Milben oder Tabakkäfer abhalten. Außerdem hilft es

dabei, die Luftfeuchtigkeit stabil zu halten. Im Humidor befinden sich etwa auch Schwämme, die aufgenommene Feuchtigkeit langsam abgeben. Es gibt auch elektrische Alternativen. Ein *Hygrometer* zeigt die Luftfeuchtigkeit an. Ein echtes Naturprodukt wie die Zigarre ist empfindlich und will gut behandelt werden.

Dazu braucht sie auch genug Frischluft, die langsam und gleichmäßig zirkuliert. Dazu hat ein Humidor Belüftungsschlitze.

Und wenn das für den Anfang erst einmal alles zu kompliziert ist und man vielleicht erst einmal den Einstieg in die Welt der Zigarren finden will? Auch dafür gibt es Lösungen.

Denn nicht alle Zigarren muss man feucht lagern. Shortfiller lassen sich oft wochenlang bei rund 20 Grad Celsius aufbewahren und nehmen keinen Schaden. Aber z. B. eine der legendären „Kubanischen" braucht einen Humidor, ebenso wie auch viele Longfiller. Falls also ein Bastler in Ihnen stecken sollte, können Sie sich als anfängliche Alternative auch für wenig Geld selbst einen Humidor bauen. Das kann Spaß machen! Im Internet finden Sie etliche Anleitungen dazu.

WOHER KOMMEN DIE BESTEN ZIGARREN?

Wie es am Anfang war, so ist es noch heute: Lateinamerika ist die wichtigste Herkunftsregion für Zigarren. Hier ist die Zigarre quasi zuhause. Hier gibt es eine Zigarrenkultur und -tradition. Und hier baut man den Tabak dafür auch hauptsächlich an: in Mittelamerika, Südamerika und der Karibik (siehe Entstehung einer Zigarre Seite 24 ff).

Legendäre Zigarren kommen aus Kuba, aber auch die Dominikanische Republik, Honduras, Nicaragua und Brasilien sind bekannt für exquisite

Ware. Doch halt! Auch in Asien versteht man sich auf exzellente Qualität, so in Indonesien (Sumatra) oder auf den Philippinen.

Welches Land produziert nun die besten Zigarren? Das sehen die Hersteller-Länder naturgemäß unterschiedlich, und auch bei verschiedenen Typen von Aficionados gibt es unterschiedliche Geschmäcker.

Mögen Sie es eher kräftig? Dann ist Kuba etwas für Sie, für viele „das" Land der Zigarre überhaupt. Hier stellt man besonders exklusive Premium-Zigarren her, vollwürzig, handgemacht und erdig. Allein die Namen von Häusern wie „Cohiba" oder „Montecristo" bringen Aficio-

Kubanische Montecristo

MONTECRISTO
HABANA · CUBA
Especial

DOMAINE DE
LAVALETTE

nados zum Träumen und Schwärmen, ebenso die Nennung von „Romeo y Julieta" und „Partagas".

Ein Gegensatz zum typisch kubanischen Geschmack kommt gern aus der **Dominikanischen Republik**. Hier gibt es ebenfalls Namen, die den passionierten Genießer in Begeisterung versetzen: etwa „Davidoff", „Arturo Fuente" und „La Aurora". Sie sind oft milder als Zigarren aus Kuba, aber auch aus Honduras oder Nicaragua. Das hat nichts mit anderer Qualität zu tun, nur mit anderem Geschmack.

Nun zu **Nicaragua**: Dieses Nachbarland von Honduras und Costa Rica steht bei Kennern für einwandfreie

Domain de Lavalette Premium aus der Dominikanischen Republik

My Father La Promesa Toro

Anbaugebiete und eine gelebte Tradition der Zigarre. Die Ergebnisse sind meist beeindruckende Spitzenprodukte im Premium-Bereich. Wunderbar aromatische Zigarren verbinden sich mit den Namen „Carlos Toraño", „Oliva", „Cain" oder der Marke „My Father".

Stellvertretend für **Honduras** seien die Firma „Flor de Selva" und ihre Gründerin Maria-Pia Selva, genannt Maya, angeführt. Maya – dieses alte Volk trat ja schon über die Zigarre mit den Göttern in Kontakt. Die heutige „Maya" ist Französin mit honduranischen Wurzeln. 1995 gründete sie als eine von sehr wenigen Frauen in diesem Business ihre Firma und verwirklichte sich damit einen Traum.

Zigarren von „Flor de Selva" gehören zu den ersten Zigarren aus Honduras, die sich in Europa etablieren konnten – ein Märchen! Maya Selva verbindet ihre Herkunftsländer und bietet außerdem die Marken „Villa Zamorano" und „Cumpay" an.

Der Genuss einer guten Zigarre
lässt uns an Zeiten zurückerinnern,
die es gar nicht gegeben hat.
Oscar Wilde (1854–1900)

ZUBEHÖR FÜR ZIGARREN-EINSTEIGER

Sie möchten ein richtiger Aficionado werden und stehen noch ganz am Anfang? Keine Bange – sie benötigen nur ein paar Utensilien. Alles Notwendige erfahren Sie jetzt und hier. Die Hauptsache sind Sie selbst und Ihre Lust auf Genuss. Der Rest kommt von allein.

Ohne Werkzeug kein Genuss

Welche Accessoires und Hilfsmittel braucht man also? Da wäre zuerst der bereits beschriebene Humidor. Der kann ruhig günstig und ohne

Schnickschnack sein. Fachgerecht lagern lassen sich Zigarren auch, ohne dass man sich für ihre Aufbewahrung verschuldet. Wichtig ist hauptsächlich, dass sie nicht vertrocknen, denn sonst verlieren sie ihr Aroma und ihre Eigenschaften beim Abbrennen. Solche günstigen Humidore gibt es schon ab rund 40 Euro. Zudem braucht man einen Hygrometer, der die Luftfeuchtigkeit kontrolliert. Hygrometer sind schon für unter 20 Euro erhältlich oder man kauft einen Humidor mit eingebautem Hygrometer.
Es macht Spaß, seine Zigarren auszusuchen, zu pflegen und richtig zu genießen. Dazu schneidet man sie professionell und zündet sie danach

Zigarrenfeuerzeug und Cutter (rechts)

Padrón
DAMASO
Room101

stilvoll an. Das Anschneiden erfolgt mit einem Cutter. Ein anständiger Cutter lässt eine glatte Schnittfläche entstehen und das Deckblatt nicht ausfransen. Ordentliche Cutter gibt es schon für unter 10 Euro.

Bitte benutzen Sie als Anzünder geeignete Gasfeuerzeuge oder gute Streichhölzer. Benzinfeuerzeuge verfälschen nämlich das Aroma. Wenn Sie die Zigarre schön zelebrieren wollen, ist außerdem ein Zigarren-Aschenbecher sinnvoll.

Es gibt auch ganze Einsteiger-Sets, bei denen man die einzelnen Accessoires nicht selbst zusammensuchen muss. Oder Sie lassen sich im Tabakladen Ihres Vertrauens beraten.

Die Zigarre selbst

Welche Zigarren sind empfehlenswert, um sich in diese faszinierende Welt des Genusses vorzutasten? Am Anfang sollten sie nicht zu vielschichtig und stark sein. Als Neuling wagt man sich besser vorsichtig und langsam in die Fülle von Aromen vor. Ungeübte neigen dazu, zu stark und oft an einer Zigarre zu ziehen. Gepaart mit dem geballten Nikotin und einem starken Geschmack kann das Schwindel oder anderes Unwohlsein auslösen.

Also, Karten auf den Tisch: Welche Zigarren sind zu empfehlen? Man könnte mit dominikanischen Zigarren beginnen, die typischerweise milder sind. Zur Sicherheit fragen Sie am besten noch Ihren Händler nach der Stärke oder lesen die Beschreibungen im Online-Fachhandel. So fangen Sie mit dezenter Stärke an, die angenehm zu rauchen ist.

Ein altmodischer Tipp am Schluss: Es geht nichts über persönliche Beratung beim Zigarrengenuss. Es gibt nicht „den" Zigarrenraucher oder „die" -raucherin. Menschen sind vielfältig und verschieden. Wir alle haben unterschiedliche Geschmäcker und Vorlieben. Aficionados zelebrieren eine seltene Kunst: Loszulassen und die Gedanken zwischen den Schwaden schweifen zu lassen. Ein erfahrener Händler, der Sie von Angesicht zu Angesicht immer besser kennenlernt, kann Ihnen helfen, besser und tiefer in diese Kunst einzutauchen als das Internet, weil er Ihre Persönlichkeit mit einbezieht. Der Genuss der Zigarre hat etwas angenehm Altmodisches. Er kann uns bewusst machen, dass wir Menschen sind und keine Maschinen.

Bitten Sie mich nicht, den Charme der Träumerei zu beschreiben oder die besinnliche Ekstase, in die uns der Rauch unserer Zigarre eintreten lässt.
Jules Sandeau (1811–1883)

WO KAUFE ICH ZIGARREN?

Beim Abschnitt „Was braucht der Zigarren-Einsteiger?" war schon davon die Rede, dass altmodische Tabak-Geschäfte dem Anfänger eine große Hilfe sein können. Das liegt am Kontakt von Mensch zu Mensch. Bei Zigarren ist außerdem zu raten, einen wirklichen Tabak-Fachhandel aufzusuchen. Sie erkennen ihn im Zweifel daran, dass Humidore in Form von Glasschränken im Raum stehen. Der Kiosk von nebenan führt Zeitschriften, Billets, vielleicht noch Würstchen oder Postkarten und manchmal auch Zigarren. Für einen Aficionado ist er

nicht unbedingt die erste Adresse, denn schon der Kauf einer guten Zigarre kann ein Erlebnis sein, bei dem man sich über seine Liebhaberei austauscht.
Der Online-Fachhandel bietet allerdings auch eine Menge Vorzüge, gerade für erfahrenere Aficionados. Dieses Büchlein empfiehlt keine Seiten, aber wenn Sie etwa „Zigarren online kaufen" im Internet suchen, dann stoßen Sie auf eine ganze Reihe von hervorragenden Händlern, die Sie mit Details versorgen können, wie es mancher Fachladen in der Stadt nicht schafft. Auf diesen Seiten finden Sie nicht nur Verkaufsportale, sondern auch Blogs, Tipps, Magazine, Angebote für Newsletter. Und

Ein Shop für Zigarren-Liebhaber in Lissabon

falls Sie in einer ländlichen Gegend wohnen sollten, ist der Weg zum Fachhandel in der Stadt vielleicht manchmal zu mühsam. Doch erneut: Das persönliche Gespräch lohnt immer. Aus diesem Grund gibt es auch Clubs oder Lounges für Zigarren.

Zigarren sind eine großartige Ressource. Sie heben die Geister.
François de La Rochefoucauld
(1613–1680)

AUSZEIT – ZIGARREN-GENUSS

Liebe Leser, in diesem Abschnitt geht es um das Wichtigste: um das Warum des Zigarrenrauchens. Und dieses Warum ist der Genuss. Was zur Frage führt: Wie erlebe ich den schönsten Genuss? Zur Antwort führt die Kontrollfrage: Was bewirkt gutes Zigarrenrauchen eigentlich? Nun, wir leben alle in einer Welt von Hektik und Stress. Ruhe und Genuss schaffen uns einen Ausgleich im Leben. Genau dazu drängt sich die Zigarre auf. Sie ist ein Gegenpol zu Hektik und Oberflächlichkeit. Die Zigarre beschenkt uns, wenn wir uns auf sie einlassen.

Dann kann die Anspannung des Tages aus uns weichen. Wie lasse ich mich also ein auf die Zigarre?
Die Zigarre ist anspruchsvoll. Sie will nicht einfach nur angebrannt werden wie eine Zigarettenkippe. Man inhaliert den Rauch nicht, sondern pafft. Und eine Zigarre erfordert Zeit. Man zieht sie nicht mal eben durch. Kleinere Formate brennen 30 bis 45 Minuten, größere bis zu zwei Stunden und länger. Das ist ein Geheimnis der Zigarre: Sie erfordert Zeit und schenkt Zeit. Sie möchte auch, dass man sich vor dem Anzünden mit ihr beschäftigt. Beschauen Sie das Deckblatt von allen Seiten. Ist es intakt, oder hat es Schäden? Spüren Sie mit den Händen der Form nach, und rie-

chen Sie an der Zigarre. Saugen Sie den Duft ein.

Zigarrenrauchen ist eine Zeremonie

Jetzt geht es ans Anschneiden. Das eine Ende ist vorbereitet und wartet schon aufs Anzünden, der Fuß. Den Kopf müssen Sie meist noch fertig für die Zeremonie machen. Hier tritt der Cutter in Aktion. Damit schneidet man ein bis zwei Millimeter des Kopfes ab. Entdecken Sie bei diesen Vorgängen die Langsamkeit, auch beim Anzünden. Wenn Sie mögen, probieren Sie ruhig einmal das Anzünden mit einem Zedernspan. Es ist ein ganz eigenes Erlebnis und steigert den Genuss, das Besondere am Moment. Es gibt auch spezielle Streichhölzer ohne Schwefel, die lang genug für Zigarren sind. Bitte nichts mit Benzin oder Schwefel benutzen, um den Geschmack zu erhalten. Den ersten Kontakt mit der Flamme nennt man das „Toasten". Dabei setzt man den Fuß nicht direkt dem Feuer aus, sondern erwärmt ihn indirekt. Ist es nicht herrlich, den Vorgang zu zelebrieren? Wenn der ganze Fuß dann glüht, dann ziehen Sie an der Zigarre. Falls nötig, können Sie die Flamme auch noch einmal an den Fuß halten und ziehen.

Um es erneut zu betonen: Die Zigarre steht für Luxus in Form von Zeit. Diese Zeit verlangt und gibt sie. Sie ist kein Hau-weg-Produkt, sondern ein

Anschneiden der Zigarre

MONTECRISTO
HABANA

komplexes Gebilde, das aus Handarbeit entstanden ist. Ein Statement zu wiederaufladbaren elektronischen Zigarren: Damit kann man Rücksicht auf andere nehmen. Allerdings kann man das auch tun, indem man sich für seinen Genuss zurückzieht, allein oder mit Gleichgesinnten. Für diese elektrische Form benötigt man weder Training noch Erfahrung, sondern kann gleich loslegen. Dieses Büchlein vertritt allerdings die Ansicht: Zigarren entweder richtig rauchen oder gar nicht. E-Zigarren sind, mit Verlaub, stillos. Sie bieten kaum Genuss. Die Zigarre ist etwas Individuelles. Entwickeln Sie Ihre eigenen Rituale. Nehmen Sie sich Zeit für sie, dann wird sie Sie beschenken.

Frauen und Zigarren-Klischees

Die Zigarre will auch keine Klischees. Sie erfordert keine grau melierten Herren an Billardtischen vor einem Kamin. Sie erfordert Ehrlichkeit. Bei Zigarren denken die meisten an Männer, am liebsten mit Wohlstandsbauch. Trennen wir uns von solchen überholten Vorstellungen. Frauen genossen und genießen schon lange eine gute Zigarre, allerdings oft einfach für sich statt in Raucherclubs mit fachsimpelnden Männern. Ein Blick in die Geschichte belegt das. Wussten Sie, dass Katharina die Große eine Aficionada war? Sie rauchte mit Vorliebe „Kubanische" – also die würzige Spielart, ganz entgegen dem Vorurteil, dass Frauen es mild mögen.

Auch Frauen in der Künstlerszene rauchten gern Zigarren und tun dies bis heute. Beispiele gefällig? Schriftstellerin George Sand, die Schauspielerinnen Marlene Dietrich, Whoopi Goldberg, Jodie Foster und Demi Moore oder das Model Linda Evangelista. Die australische Opernsängerin Nellie Melba, eine Sopranistin, war der Ansicht, sie verdanke ihre große Stimme dem gelegentlichen Genuss von Zigarren.

Doch auch im ganz normalen Alltag gibt es immer mehr Frauen, die Zigarren schätzen, nicht nur extravagante Prominente. Zigarren für Frauen sind im Wortsinn salonfähig. Frauen erobern die Raucherclubs, zu-

Kubanische Zigarrenraucherin

sammen mit Männern oder in eigenen Zigarrenclubs für Frauen. Es gibt mittlerweile auch Zigarren unter dem Namen „Tres Reynas" (Drei Königinnen), die von den drei Töchtern zweier großer Zigarren-Dynastien produziert werden. Diese drei Königinnen stellen Produkte aus hervorragender Tabakmischung in Nicaragua her. Sie wollen der Welt beweisen, dass Zigarren nicht nur von Männern für Männer gemacht sind.

Eine Zigarre vertreibt die Sorgen und erfüllt die Stunden des Alleinseins mit tausend angenehmen Vorstellungen.
George Sand (1804–1876)

BEGLEITENDE GETRÄNKE

Kommen wir zur Frage, was gut zur Zigarre passt. Regel Nummer eins: Es gibt keine Regeln und keine Dogmen. Oberste Richtschnur ist, was Ihnen schmeckt. Es ist ähnlich wie bei Farben: Die einen mögen die Harmonie, die anderen den Kontrast. Die folgenden Gedanken sind also dazu da, um Ihnen einen Einstieg in eigene Kombinationen zur Zigarre zu erleichtern. Orientieren Sie sich bitte nicht an den angesprochenen Klischees: Billardzimmer, Kamin, Cognac und so weiter, sondern an sich selbst.

PARTAGAS

Die Kombination von Zigarren mit Getränken nennt man Pairing. Und wie ein Ehepaar können sich beide harmonisch ergänzen, sich aber auch durchaus widersprechen. Das geht mit Alkoholika ebenso wie mit Nicht-Alkoholika. Mit beidem kann man Aromen des Tabaks verstärken, ergänzen oder versteckte Aromen hervorholen.

Beginnen wir mit Getränken ohne Alkohol. Ein Kaffee zur Zigarre? Ja, klar. Hier bewegen wir uns im Bereich von Harmonie. Allerdings kann ein kräftiger Kaffee die Aromen einer milden Zigarre erschlagen, und Einsteigern sei es ja empfohlen, mit milden Zigarren zu beginnen. Daher passt für den beginnenden Aficionado eher ein milder Kaffee. Später brauchen würzigere Zigarren dann auch ebenbürtige Counterparts beim Kaffee. Und cremige Zigarren harmonieren gut mit Sahne im Kaffee, süße dagegen mit Zucker.

Wie sieht es mit Tee aus? Hier gilt die gleiche Richtschnur wie beim Kaffee: am besten mild zu mild und kräftig zu kräftig. Stellen Sie sich zwei Ringer vor, von denen keiner gewinnt. Typischerweise wird sich schwarzer Tee eher als Partner für würzige Zigarren eignen und grüner für milde. Aber das hängt natürlich davon ab, wie stark der Tee gezogen ist. Herber Tee kann kräftigen Tabak wunderbar ergänzen und erdige und schokoladige Aromen hervorbringen. Grüner

Tee kann blumige und süße Noten bei milden Zigarren zum Vorschein bringen.

Aber **Limonaden und Softdrinks** sind undenkbar als Begleiter, oder? Nein, nicht wenn Sie es mögen. Zigarren haben zwar etwas angenehm Altmodisches, das zur Besinnung führt, aber man kann sie natürlich mit frischen Aromen und Süße kontrastieren. Vielleicht differenziert man noch bei Limonade.

Cola, Tonic oder Ginger Ale können die Aromen einer Zigarre gut vervollständigen und beim Smoke neue Eindrücke erzeugen. Nun gibt es gerade bei Cola noch Spielarten mit Kirsche, Vanille, Zimt oder Limone. Dadurch ändert sich das Pairing mit dem Tabak erheblich, je nach Zigarre. Da gibt es aber kein Richtig oder Falsch. Experimentieren Sie einfach.

Saft möchte man eher einem Aficionado empfehlen, der gut weiß, worauf er sich bei diesem Pairing einlässt. Fruchtsaft unterdrückt herbe Aromen der Zigarre wie Holz, Erde und Gewürze. Er enthält viel Säure und ist mit seinem fruchtigem Geschmack manchmal zu viel des Guten. Das kann bei einer Zigarre mit eigenen fruchtigen Aromen angebracht sein, ist aber eher etwas für Fortgeschrittene.

Etwas haben wir ganz vergessen: Wasser! Wasser ist immer gut, trinken wir viel davon! Zur Zigarre ist es neutral und hält die Schleimhäute feucht. Es verfälscht den Smoke nicht durch fremde Aromen und führt zum Erlebnis „Zigarre pur". Sie können mit Wasser auch die Geschmacksknospen neutralisieren, am besten ohne Kohlensäure.

Jetzt zu den alkoholischen Getränken: **Karibischer Rum oder Cognac** sind vielfältige Getränke. Dazu gibt es nur die Empfehlung: bitte ausprobieren, was zueinander passt. Tendenziell beurteilen Sie nach Milde oder Stärke. Prinzipiell können guter Rum und Cognac beste Freunde einer Zigarre sein.

Auch gegen einen geschmacklich passenden **Whisky** ist nichts einzuwenden. Mild zu mild, stark zu torfig oder stark zu süß? – Auch hier gilt:

1926
SERIE

ALEC BRADLEY
AB
MAGIC TOAST

Ausprobieren, damit sich die Aromen von Zigarre und Whisky aufs beste verbinden.

Zu Wein: Man mache sich bewusst, warum die Grundregel gilt, man solle roten Wein zu dunklem Fleisch trinken und weißen zu hellem. Man kann das auch anders machen, sollte sich dessen nur bewusst sein. Im Allgemeinen harmoniert wohl eher ein kräftiger Rotwein zur Zigarre. Aber bei einer leichten Zigarre aus der Dominikanischen Republik ist genauso gut ein Rosé oder Weißwein denkbar.

Bier verbindet man nicht gerade mit der Zigarre – doch stellen Sie sich einen heißen Sommertag vor, und Sie sitzen mit einer Zigarre im Garten. Sie treffen sich mit Freunden und trinken ein kühles Pils zur Zigarre. Nur zu! Wir erleben Geschmack ganzheitlicher, als uns das oft bewusst ist. Eine harmonische Atmosphäre, in geselliger Runde oder allein, das passende Getränk, die richtige Tageszeit und Stimmung gehören zum entspannten Genuss dazu.

Die Lebenskunst ist eine Kultur,
die von Lebensart, von Respekt
und von Toleranz genährt wird.
Die Kunst, eine Zigarre zu genießen,
ist dasselbe.
Zino Davidoff (1906–1994)

BERÜHMTE ZIGARREN-RAUCHER*INNEN

Es gibt Menschen, die berühmt sind und nebenbei auch Zigarre rauchen, und es gibt Berühmte, die man sich meist mit Zigarre vorstellt. Schauen wir uns beide Gruppen an und bürsten zuerst ein wenig gegen den Strich.

Vanessa Williams (geboren 1963) ist Schauspielerin, Sängerin und Designerin und außerdem die erste Afroamerikanerin, die zur Miss America gekürt wurde. Eine starke, kluge, selbstbewusste und schöne Frau! Die Zigarre ist nicht nur ein Zeichen für

Genuss, sondern kann auch eines von Emanzipation sein.

Die US-amerikanische Schauspielerin **Sigourney Weaver** (geboren 1949) steht für unkonventionelle Eigenständigkeit und gilt seit „Alien" als einer der ersten weiblichen Actionstars der Filmgeschichte. Ihre Individualität führte sie zu Oscar, Golden Globe und vielen anderen Filmpreisen. Sie lässt sich gern mit Zigarre fotografieren.

Whoopi Goldberg (geboren 1955) ist ebenfalls Schauspielerin, auch Comedian, Autorin und Fernsehmoderatorin. Andere Frauen wie Marlene Dietrich haben vor Goldberg zwar schon den Weg für Zigarre rauchende Frauen im Filmgeschäft geebnet, aber die Trägerin von Oscar-, Grammy-, Emmy- und Tony-Preisen zählt außerdem zu den Pionieren der Gleichberechtigung mit der Männerwelt.

Rihanna (geboren 1988): Die Sängerin, Schauspielerin, Modedesignerin und Unternehmerin stammt aus Barbados und ist mit der karibischen Zigarrenkultur aufgewachsen. Obwohl man auch auf Barbados exzellente Zigarren fertigt, bevorzugt Rihanna kubanische Zigarren. Man kann sie des Öfteren auf Instagram mit Zigarre sehen, auch auf Schnappschüssen von Paparazzi und anderen Fotos. In einem Musik-Video raucht sie Zigarre mit Shakira.

Sigmund Freud (1856 bis 1939): Vom Vater der Psychoanalyse gibt

stimmt, und es sollte ja auch immer bei teureren Zigarren stimmen. Wir hoffen, dass wir Ihnen den Zauber der Zigarrenwelt näherbringen konnten. Genuss hat für viele Bereiche dieselben Grundzüge: bewusstes Wahrnehmen, Zeit und das Einlassen auf Muße, das oft mit einer Besinnung auf die wesentlichen Dinge des Lebens einhergeht. In diesem Sinne: Guten Smoke!

Ich verzichte auf den Himmel,
wenn ich dort keine Zigarren
rauchen darf.
Mark Twain (1835–1910)

Bildnachweis

Titelfoto: Colourbox.de
Innenfotos: Seite 2, 20/21, 28, 42, 65, 66, 68/69, 74/75, 94, 106, 122/123: Pixabay.com; Seite 9: Wellcome Images (CC-BY-SA 4.0 international); Seite 10/11, : Colourbox.de; Seite 15: Mike Peel (CC-BY-SA 4.0 international); Seite 18: Johannes Marx, 1889; Seite 25: Jeremy Bezanger, Unsplash.com; Seite 32: Rusty Watson, Unsplash.com; Seite 39: Mark Lautenbacher (CC-BY-SA 4.0 international); Seite 44/45: Rendy Novantino, Unsplash.com; 50/51: Wouter van Emmerik (CC-BY-SA 3.0 nicht portiert); Seite 54/55: Tim Davenport (CC-BY-SA 3.0); Seite 58/59: Langinger; Seite 82/83: Cigarworld (CC-BY-SA 3.0 nicht portiert); Seite 86, 104/105: valiant made, Unsplash.com; Seite 90/91: Mohd Jon Ramlan, Unsplash.com; Seite 98: Jon Tyson, Unsplash.com; Seite 112: Max Halberstadt; Seite 114/115: Major William George Horton, War Office official photographer, Imperial War Museum, H 25966; Seite 118/119: Erspert (CC-BY-SA 4.0 international)

es dieses legendäre Foto mit Zigarre, das 1921 sein Schwiegersohn Max Halberstadt geschossen hat. Freud schätzte besonders kubanische Zigarren. Ohne Zigarren könne er nicht arbeiten, und das Zigarrenrauchen sei eine der größten Freuden seines Lebens, sagte er. Ein wahrer Aficionado!

Winston Churchill (1874 bis 1965): Den britischen Staatsmann stellt man sich fast nur mit Zigarre vor. Er bevorzugte ebenfalls „Kubanische". Etliche Zigarren sind nach ihm benannt. „Meine Lebensregel verordnet als absolut heiliges Ritual das Rauchen von Zigarren und das Trinken von Alkohol vor, nach und wenn nötig bei allen Mahlzeiten und in den Zwischenräumen zwischen ihnen."

Winston Churchill
besucht Bradford, 1942

Michael Jordan (geboren 1963) gilt als bester Basketball-Spieler aller Zeiten. Und er hat eine Leidenschaft für Zigarren. Mittlerweile lässt er sich selten ohne „Havanna" zwischen den Zähnen sehen. Übrigens feiert eine Basketball-Mannschaft seit Jahrzehnten den Sieg der US-Meisterschaft mit dem Schmauchen einer Zigarre.

Arnold Schwarzenegger (geboren 1947): Was soll man an ihm noch vorstellen? Vielleicht, dass er einer der sichtbarsten Vertreter der Zigarre ist. Ob als Bodybuilder, Schauspieler oder Gouverneur – seine Maxime ist: „Ich liebe es, die Regeln zu brechen." Eine Zigarre kann er immer und überall entzünden.

DIE TEUERSTEN ZIGARREN DER WELT

Erinnern Sie sich daran, mit welchem Aufwand eine Zigarre entsteht. Welche Kunst und Liebe darin stecken, wie viel Handwerk und wie viel Wissen. Solche Meisterschaft kann einen hohen Preis haben. Man bekommt zwar auch hervorragende Zigarren, die für die meisten erschwinglich sind; jedoch wollen wir zum Schluss darauf schauen, was die exklusivsten der exklusiven Zigarren kosten können.

„Cohiba Behike 2006“

Sie war die teuerste Zigarre der Welt. Und sie kommt woher? Aus Kuba,

Mit rund 50 Euro pro Stück auch schon teuer:
Cohiba Behike 52

natürlich. Und zwar aus dem Hause Cohiba. Allein der Name versetzt Aficionados schon in Entzücken. Eine solche Cohiba kostet(e) 375 Euro. Da muss man schon schlucken, was das kommunistische Kuba an Luxuspreisen produzieren kann. Im Handel gibt es die Behike 2006 nicht mehr zu kaufen, weil vergriffen. Sie entstand zum 40jährigen Cohiba-Jubiläum, bei dem man sich auf die Anfänge besann: Ein einziger Meister stellt alle Behike-Zigarren komplett von Hand her. Die Auflage war streng limitiert auf 100 Kisten à 40 Zigarren mit zweifacher Banderole aus Gold. Diese Kisten waren zugleich kunstvolle Humidore aus Frankreich, einzeln nummeriert. Im Ensemble machte

das einen Preis von 15.000 Euro. Mit Verlaub: So etwas raucht man nicht mehr, das sammelt man oder benutzt es als Geldanlage. Bei Behike-Zigarren verwendet man übrigens einen vierten Einlagetabak bei der Herstellung („Fortaleza 4"). Er besteht aus den zwei Blättern an der Spitze der Pflanze, die aber nicht jede Tabakpflanze herausbildet.

„Davidoff Oro Blanco"

Die gibt es pro Kiste schon für schlappe 4.200 Euro. Allerdings ist das auch nur eine Zehnerkiste, sodass umgerechnet eine Zigarre sogar teurer ist als die Cohiba Behike 2006, nämlich 420 Euro. Beim Namen Davidoff braucht man nicht mehr viel

Davidoff Nicaragua Toro Box pressed

zu sagen. Kaum eine Zigarre auf der Welt unterliegt derart vielen Qualitätskontrollen wie eine Davidoff. Diese Premium-Marke wurde ursprünglich auf Kuba produziert. Man überwarf sich aber mit der dortigen staatlichen Firma „Cubatabaco" und wechselte 1990 in die Dominikanische Republik. Das führt oft zu milderen Aromen der Marke; die Qualität bleibt jedoch unverändert hoch, und das Renommee des Hauses ist weiterhin sagenhaft. Bei diesem Premium-Standard ist die Davidoff Oro Blanco noch einmal Spitze im absoluten Luxussegment. Ausschließlich für sie kultiviert man die Tabake in einem exklusiven Anbaugebiet. Die Zigarren reifen satte zwölf Jahre, um

Aromen für allerhöchste Ansprüche zu kreieren. Auf diesem Planeten gibt es sechzig Fachhändler, die die Oro Blanco anbieten. Wegen der strengen Limitation gelangten nur 135 Zigarren nach Deutschland.

Liebe (werdende) Aficionados: Dieser Abschnitt zu dem Teuersten im Luxussegment soll Sie nicht entmutigen – im Gegenteil. Er soll einmal mehr illustrieren, welche Liebe im Extremfall in einer Zigarre stecken kann. Die Beispiele aus den Häusern „Cohiba" und „Davidoff" sind nicht abschließend. Bei anderen Luxus-Zigarren der Marke „Gurkha" benutzt man pro Kiste eine Flasche Louis XIII-Cognac für 2.000 bis

2.500 Euro, um die Zigarreneinlage und das -umblatt zu aromatisieren. Dazu schüttet man den Cognac in eine Wanne und hängt die Tabakblätter darüber.

Wir sind in einem Bereich, in dem die Preisunterschiede stark steigen, die Unterschiede in der Qualität aber nicht mehr in diesem Ausmaß. Wenn Sie als beginnender Aficionado gute Qualität wollen, dann geht das auch zum erschwinglichen Preis. Nur als Inspiration: Eine José Correa Romo aus Kolumbien bekommen Sie für rund einen Euro das Stück und erhalten dafür eine gute Qualität. Sie ist mild und leicht im Geschmack und damit gut geeignet für Einsteiger. Sprich: Das Preis-Genuss-Verhältnis